银花丝这项独特的技艺历史悠久，由全手工制作而成。细如发丝的银丝通过手填、堆垒、焊接等工艺丝丝相扣，可以说，这是一门银与火的艺术，是非常辛苦和细致的手作艺术。

雁鸿拜入师门，吃苦耐劳，用心学习。在学技中，能掌握前拉丝、配丝、填丝、垒丝、焊接、嵌宝等工艺，还原出黄金白银的耀眼光泽。有了这样的学徒，我非常欣慰，非遗有了传承人，四川成都银花丝有了接班人，师父非常开心，愿她能够制作出更多的优秀作品，继续将非遗文化发扬光大。

——倪成玉

U0350481

匠心

雁鸿Aimee／著

雁鸿的饰界
妆造×饰品设计作品集

人民邮电出版社
北京

图书在版编目（CIP）数据

匠心：雁鸿的饰界 ： 妆造×饰品设计作品集 / 雁
鸿Aimee著. -- 北京 ： 人民邮电出版社，2022.1
ISBN 978-7-115-57787-0

Ⅰ．①匠… Ⅱ．①雁… Ⅲ．①首饰－设计－作品集－
中国－现代 Ⅳ．①TS934.3

中国版本图书馆CIP数据核字(2021)第231759号

内 容 提 要

本书将B站手工达人雁鸿的精美作品结集成册，具有一定的收藏价值。

本书共7章，收录了作者近两年来的40个手工艺术作品，展示了每件手工艺术作品的制作灵感和大概制作过程。同时，本书还附赠了部分案例制作视频，以供读者参考和学习使用。

本书适合影视道具制作人员、饰品制作爱好者等阅读。

◆ 著　　　　雁　鸿 Aimee

　　责任编辑　王　铁

　　责任印制　周昇亮

◆ 人民邮电出版社出版发行　　北京市丰台区成寿寺路 11 号

　　邮编　100164　　电子邮件　315@ptpress.com.cn

　　网址　https://www.ptpress.com.cn

　　北京宝隆世纪印刷有限公司印刷

◆ 开本：889×1194　1/16

　　印张：11.5　　　　　　　　　　　2022 年 1 月第 1 版

　　字数：301 千字　　　　　　　　　2022 年 1 月北京第 1 次印刷

定价：129.90 元

读者服务热线：(010)81055296　印装质量热线：(010)81055316

反盗版热线：(010)81055315

广告经营许可证：京东市监广登字 20170147 号

中国传统文化博大精深，古典艺术设计更是融汇精华。从小时候起，我就有一个打造艺术乐园的梦想，想勾勒出艺术最美丽的模样。但是命运偏偏就喜欢和人们兜圈子，我的这个美丽梦想历经千辛万苦才得以实现，所以对于我而言，才显得弥足珍贵。

手工艺术制作的基础是绘画，我小时候就喜欢绘画，院墙、白纸、桌角，幼时的家就是我的画板。我的画笔长着翅膀，扇动我内心纯净的愿望，也记录了那些惬意的时光。时光如白驹过隙，这对翅膀载着我四处翱翔，将我送进了医学院的大门，毕业以后我也顺利地进入了医院工作。"在其位谋其政，任其职尽其责。"我勤勤恳恳地工作，每天匆匆忙忙地穿梭在人群急流中。我时不时地回想起我的画笔，我曾经用它描绘过最美的窗幔、宫墙，也用它描绘过矫健羽翼，那羽翼带着我飞过千家万户、山川河流。

我对艺术的追求和渴望，在不经意间再次被点燃，小时候埋下的梦想的种子开始疯狂生长。我曾经想永远地待在舒适圈，但是童年记忆中的那支画笔，敲击出急促的鼓点，在我的胸腔激荡。我骤然想起，曾经的我可以用画笔画出我的全世界，而此刻的我为什么平添了一份对世界的未知和迷茫？钿头云篦、丝履罗裙，百般美丽、千种变化，我意识到，这正是历史给予我的馈赠。于是我毅然辞职，重新拿起了画笔和图纸，握紧了线锯和台钳，或设计，或还原，开始制作中国经典的装饰造型。当然，任何一段时光都不是毫无意义的，学医后，我在重新直面艺术时，抛去了艺术家的那份狂野热情，平添了一份细致和严谨。

本书收录了我的主要手工艺术作品，希望我的手工艺术作品能够鼓舞大家敢于追求自己的梦想。

一梦七年，我从梦里醒来。时光刚好，我的艺术梦想，未完待续。

特别感谢本书的工作人员

部分服装制作：邱印芝

摄影师：朱海平 向筱

后期：何强

助理：九泽 张鑫 边雪 牟瑞

目录

妆造×饰品设计作品集

妆造×饰品设计作品集

知书，识礼，赏画，
感悟中华传统文化的魅力所在。
研究古画、节日习俗、历史背景，
寻觅灵感，
还原画中人的造型，
让画中人走进现实世界。

史要据典

匠心雁鸿的饰界

簪花仕女图

《簪花仕女图》是我国古代仕女画的经典之作，
是画家周昉的代表作之一，周昉的《簪花仕女图》的确切年代有争议，
学界比较认可的说法是五代南唐。
此画描绘了春夏之交，宫廷贵族妇女在园中赏花、逗犬、漫步游玩的
闲暇雅致情景。

画中唐装女子体态丰盈，身着半透明纱衫，
头上戴着各式花簪。
从左至右，
花簪依次为芍药、海棠、荷花、蔷薇和牡丹。

中国历代不同时期的审美习惯，使得妆面的种类很多，
如汉代的白妆、魏晋南北朝时期的晓霞妆、唐代艳丽的桃花妆、宋代素雅的淡薄妆等。
虽然化妆手法不同，但基本上都是以白为美。

妆容部分，先盖住浓密的眉毛，整个底妆都比较白。眼妆较淡，
眼线细长。妆容极具特色的地方是眉毛，
此眉形流行于晚唐时期，因为形状短而宽阔，
像桂树的叶子，所以叫作桂叶眉。

小口红唇，唇中间轻点红色。最后在眉心轻点额黄。

古时候女子通常佩戴真花，
但是根据画中仕女佩戴的花的花期和大小推断，
极有可能佩戴的是假花。
饰品的制作细节往往比从图中所看到的更多，
因此应在尽量保证真实的情况下，
还原图中饰品的大小。

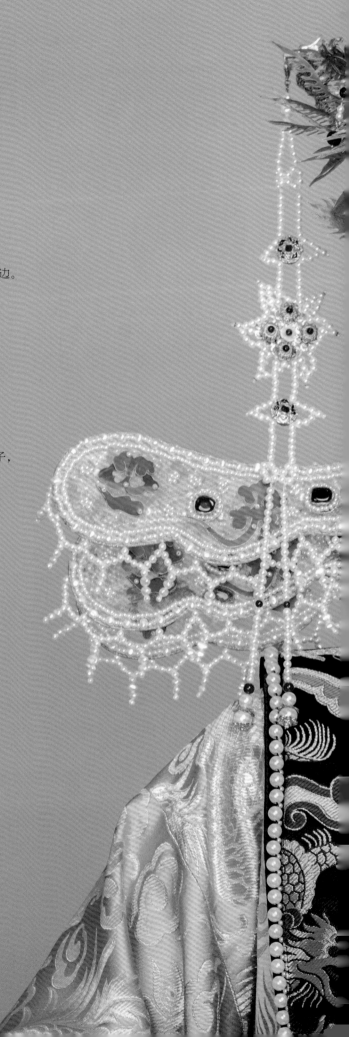

说起明代的服饰，
就不得不联想到定陵出土的四顶凤冠，
这四顶凤冠堪称极品。
此次服装参考了明朝皇后画像中的礼服。

仿制六龙三凤冠，用到了很多创新的方法，
如无焊接仿花丝镶嵌龙簪、不规则形状宝石的无焊接镶边。

用染过色的鹅毛和易拉罐仿制点翠，
此处的鹅毛染成了天蓝色，将其贴在 A4 纸上，
晾干后在纸张背面沿着线条裁剪。

用易拉罐做底部，将其打磨成银色，
把鹅毛贴在易拉罐上，然后掐丝。
将 0.2 毫米（指直径，余同）的铜丝掐成麻花丝的样子，
沿边缘裁剪。

六龙三凤冠

接下来讲解重点部分的制作思路，第一个是无焊接仿花丝镶嵌龙簪。

龙的身体部分用电镀金涂成金色，将 0.2 毫米的铜丝掐成麻花丝的样子，将其绕在小管子上。把中间剪开，将每个小圈捏成水滴状，然后将其一点一点地粘贴在龙的身体上。将做好的龙和簪子固定在一起。

这个冠一共有六条龙，左右各一条、中间一条、背后三条。

第二个是不规则形状宝石的无焊接镶边。

用鱼池里面的景观石来制作宝石，把热塑材料修剪成长条形，加热软化后镶边。热塑材料底部软化后可以直接黏合，剪去多余的部分，用电镀金涂成金色，然后在周围穿上两圈珍珠，前面部分的宝石就制作完成了。

在中间绑一支龙簪，在两边绑上两支龙簪，在背后固定三支龙簪。在冠的正中间放上三只仿点翠凤凰。

制作博鬓部分。为了减轻重量，这里用铜网来制作底座，绣上珍珠、米珠和一些仿点翠的祥云花片，装饰一蓝一红两颗宝石。

搜索关键词『点翠大拉翅』

清朝大拉翅

大拉翅的配色灵感来源于
建筑彩绘中的色彩。

古代习惯把蓝称为青，并有"青，取之于蓝，而青于蓝"的诗句。
青色在古代代表东方方位，
群青颜料最早是用天然的青金石磨制而成的，后以蓝铜矿为原料。

在中国古建筑彩画中，青色经常与青莲色等搭配，
且过渡自然，是很常见的装饰色。

说到青在饰品上的运用，就不得不提到点翠。

点翠饰品在不同的光线下会呈现出

从浅蓝色到深蓝色的变化。

用湖蓝色染料为鹅毛染色，代替翠鸟羽毛进行制作。

天地玄黄，宇宙洪荒。

黄色代表孕育万物的土地，表示中央所在。在紫禁城中，以黄色的琉璃瓦最为尊贵。皇帝的主要居所都覆盖着黄色的琉璃瓦，象征着权力、富贵、光明和智慧。

金色是诸色中较为华贵、庄重的颜色，也是富贵、权势和地位的代表色。

在皇家建筑彩绘中，金色被大量使用，以体现高贵和富丽堂皇。在中国彩画和雕塑中也会用金箔贴金，或者制成颜料，让绘画或雕塑发出夺目的光辉。

在饰品制作中，金色同样是非常重要的颜色。此处用到的金色的花朵、凤凰、流苏，还有一些金色配件，让整个造型的色彩不仅更加富有层次，还显得更加富丽堂皇。

白色是一种素色，在中国古代建筑中，汉白玉石桥的白色为玉白，在饰品中也有一种常见的白色——珍珠白。

用小米珍珠做成珍珠花，点缀在湖蓝色鹅毛和金色配件中间，提亮整体颜色。

黑色为玄色，象征着北方，代表水。相传夏代和秦代都崇尚黑色。秦人根据五行学说认定自己符合水德，水与黑色相对应，所以秦代尚黑。之后，黄色、朱色成为正色，黑色从社会主流中逐渐退出。

再来是红色，红色几乎是中国的代表色。

古人从洞房花烛到金榜题名，从衣装到住所，尚红的习俗随处可见。

红色象征着吉祥、喜庆、积极、热情、勇敢和正义，这种象征意义最早来自先人们对太阳火种的崇拜。

五行中火对应的颜色便是红色，而在建筑中常见的就是朱红和铁锈红了。红色颜料是用天然矿物朱砂制成的。皇帝批阅奏章使用的是朱笔，皇宫也是以朱红来装饰宫墙的。

铁锈红则是由大比例的红色加黄色、黑色调和而成的。在明清的建筑彩画中，铁锈红多作为底色大量出现。

以红色为主的服装，搭配玛瑙红的朝珠和其他配饰，可知红色是本次整体造型的一个重要色系。

龙
马
报
春
灯

龙马报春灯的中间有"春"的字样,
周围有一些盛开的梅花,灯头部分设计了倒字福的图案,
表达了对新春美好的祝愿。

灯的外形以宫灯为参考，运用剪纸的方式进行雕刻和制作。这个花灯有 6 个面，为了防止毛边，刷一层白乳胶，晾干以后用刻刀沿 6 个面上画好的图片进行裁切，然后将裁切后的纸板两面喷成红色。

制作骨架，用铁丝弯成 6 个六边形，大、中、小各两个，将其组装起来。将骨架喷成红色，用铜丝将镂空纸板固定在骨架上。镂空花片设计为立体结构，边缘处固定一层边框，以走马灯为原型，借鉴了燃气轮的原理来制作旋转的内芯。灯笼内的蜡烛点燃后，热气上升形成气流，从而推动叶轮旋转。在制作的时候做了多次试验，最终发现叶片的转动和平衡摩擦力以及叶片的角度关系较大。将剪纸悬挂在叶轮上，就有了"旋转的燕子"，仿佛燕子在树林中穿梭。

许多古籍都有关于走马灯的记述。因在灯的各面绘制武将骑马的图案，灯旋转时看起来好像有几个人在你追我赶，故名走马灯。

增加一些龙头，用热塑材料在六个角上做小龙头。

用电镀金将龙头涂成金色，在六个角和底部挂上中国结。

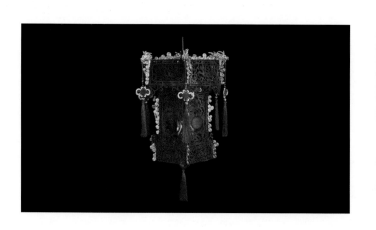

敦煌供养人
·新妇娘子翟氏

敦煌的历史、壁画的色彩和神秘的故事令人神往。

敦,大也;煌,盛也。
敦煌有着悠久的历史和灿烂的文化。
汉元狩四年,张骞第二次出使西域,开通了通往西域的丝绸之路。
自西汉设郡到西晋末的数百年间,
敦煌日渐呈现出繁荣昌盛的景象。
魏晋时期,不同文化的交叉、融合,创造了闻名于世的敦煌艺术。

此画像位于敦煌莫高窟第九十八窟中的第六十一洞窟,
画像中的女子翟氏是曹元忠的夫人,
是一位活跃在敦煌舞台上的杰出女性。

搜索关键词『敦煌供养人』

敦煌壁画中女子头饰的种类大致有簪、钗、步摇、梳、钿、华胜等。发簪是用来插定发髻或者连冠于头发的圆形、方形头饰。簪身用金银、玉石等制成，最早的簪称为笄。女子插笄是长大成人（十五岁）的标志，女子成年叫作及笄。敦煌女供养人的发簪形式多样，大致有九类：云、凤、鸟、草叶、花、方、平、圆、尖顶型（扁顶型）。翟氏戴的发簪以云顶型、草叶顶型、花顶型和尖顶型（扁顶型）为主。

壁画中的女供养人形象也展现出不同时期的艺术特色，初唐时表现为秀丽，盛唐时表现为丰盈，晚唐时表现为雍容。她们的眉毛都描绘得比较长，眉形以柳叶眉和月眉为主，眼部绘有眼线，一般只画上眼线。唐代有"点唇"的习惯，由此视觉上形成樱桃小口的感觉。

这套饰品共有三十六件不同的簪钗，按照敦煌的壁画略有调整。将掐丝器的接头换成十字头，用最细的掐丝头将0.3毫米的铜丝掐成麻花丝，蘸取一点粘丝胶粘贴，避免使用过多胶水。在铜板上掐出叶子的形状，沿边缘将铜板剪下并掏空中间部分。将镂空的叶子粘贴在铜网上，剪下后粘贴麻花丝，制作叶脉，然后将叶片底部打孔，底座与簪子之间用铜丝相连接。叶形簪需要三个叶片。

制作由叶片组成的花簪，在五个或六个叶片与底座之间用铜丝相连接，在中间固定镂空花蕊。

敦煌供养人
·于阗王后

此壁画位于莫高窟第六十一窟东壁南侧，
画像是回鹘公主供养人像中间头戴凤冠的王后形象。
她是曹元忠的姐姐，
也是于阗国王的王后。

古于阗位于今天的新疆和田，和田盛产美玉，
因此在画像中可以看到于阗王后的饰品均为美玉。

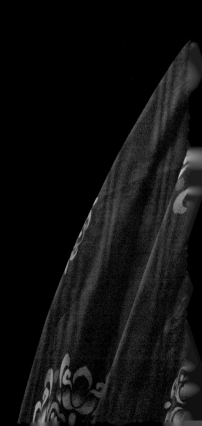

六十一窟女供养人画像的难得之处在于，除了服饰等图案保存得非常清晰之外，供养人的面部妆容也清晰可见，所以现在我们才有幸看到千年以前贵妇流行的妆容。

壁画中玉的颜色非常像绿松石色，所以用仿绿松石来替代和田玉。底座制作完成以后，开始制作大凤凰部分。用热风枪将热塑材料吹软，将其捏成凤凰的身体和头部，在两边各镶上一对翅膀，然后在表面贴上一层一层的花片。

要一层一层顺滑地粘贴，接着在凤凰脖子以上的部位粘贴小花片。

拿出一对翅膀，绑一层铜质羽毛，在凤凰的身体上也绑上羽毛，将翅膀绑在凤凰的最外层。用电镀金水涂凤凰嘴部和空隙的地方，把铜底座安放在翅膀和凤凰的身体上，并镶嵌仿绿松石，将凤凰固定在底座上。

制作小配件。耳环部分由两个圆环组成，下面连接两个铜花片，并镶嵌两颗仿绿松石。凤簪部分是将凤尾向内弯曲，然后连接三条流苏，并且点缀一些小仿绿松石制成的。头饰的前半部分是环形的发钗。项链有四条。

明朝赵秉忠
母亲肖像

说到中式婚礼，大部分人会想到汉式婚礼，
明制婚礼相对较少被提及。

所以我选择了制作明朝的翟冠。冠的原型来自
明万历二十六年状元赵秉忠的母亲所佩戴的翟冠，
冠的颜色和细节部分略有改动。

搜索关键词「明朝翟冠」

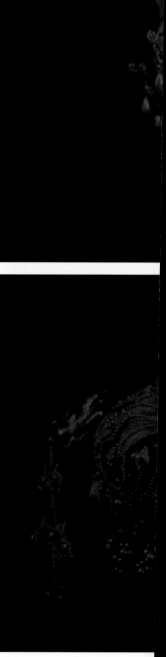

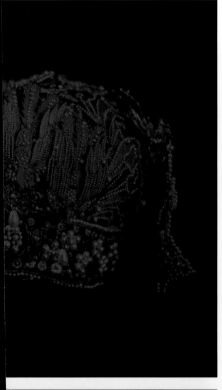

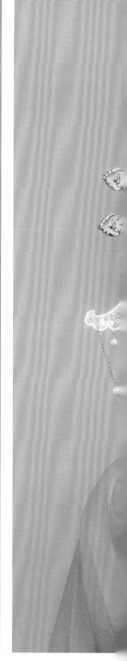

杨贵妃

古有"环肥燕瘦，各有千秋""沉鱼落雁，闭月羞花"的说法，
其中"环肥"和"羞花"指的就是唐代的杨贵妃。

那么杨贵妃到底是什么样的呢？

白居易在《长恨歌》中描写到：

"回眸一笑百媚生，六宫粉黛无颜色。春寒赐浴华清池，温泉水滑洗凝脂。"

可见杨贵妃千姿百态、娇媚横生，皮肤光洁白润。

从"云鬓花颜金步摇"一句可以得知杨贵妃鬓发似花，头上戴着金步摇。

而从"芙蓉如面柳如眉"一句可以知道杨贵妃的面容像芙蓉花，眉毛就像柳叶一样。

通过这样的文字，我们对杨贵妃有了初步的印象。

此造型的重点部分在于头顶的九尾大凤头饰。凤尾的部分受到了杨树云老师金丝凤的启发，所以前面一层的五条凤尾较稀松，后面一层的四条凤尾较紧密。用扁铝丝来制作的时候，每个扁铝丝弯折的地方都需要用钳子弯出形状，在密凤尾的中间加上两条爪链，做好以后将其扎在一起备用。

制作凤凰的身体部分。加热热塑材料的边缘，一边捏一边吹，可以将凤冠和翅膀部分直接镶进吹化的材料中，然后在小翅膀上面再固定一双大一点的翅膀。

此次尝试了电镀金水的新用法，用扁铝丝做的凤尾和铜花片有色差，所以我特意请调金的师傅调制了和凤尾一样的颜色。最后进行组装，需要将凤尾多出来的铜丝和凤凰身体组合，用热塑材料将这两部分重塑，把铜丝包裹在里面，在表面粘上一层一层的花片，凤凰的部分就制作完成了。

最后制作一些小部件即可。本次饰品颜色整体为金色，是想与"云鬓花颜金步摇"相对应。

京剧凤冠

京剧中，凤冠主要是娘娘、
公主或贵妇等佩戴的头饰。

此次制作的是一顶橙色调创意
京剧凤冠。

组装示意图

仿清银点翠耳挖钗

组装示意

各部分展示

线稿图

此线稿图为实际尺寸，可直接制作

组装示意图

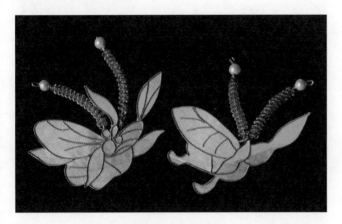

仿清银鎏金点翠钗

组装示意

各部分展示

线稿图

此线稿图为实际尺寸，可直接制作

组装示意图

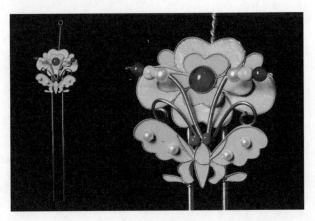

仿清银点翠钗

组装示意

各部分展示

线稿图

此线稿图为实际尺寸，可直接制作

仿（清）银镀金嵌珠葵花纹结子

组装示意图

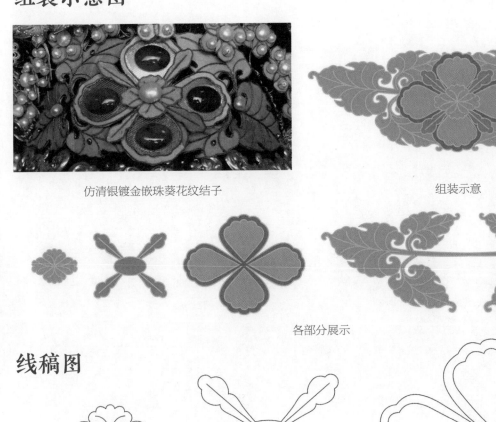

仿清银镀金嵌珠葵花纹结子

组装示意

各部分展示

线稿图

此线稿图为实际尺寸，可直接制作

组装示意图

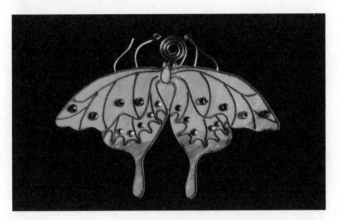

仿清银点翠蝴蝶簪

组装示意

线稿图

此线稿图为实际尺寸，可直接制作

组装示意图

仿清银镀金嵌珠珊瑚蟹纹簪

组装示意

各部分展示

线稿图

此线稿图为实际尺寸，可直接制作

仿（清）银镀金荷叶纹簪

组装示意图

仿清银镀金荷叶纹簪

组装示意

各部分展示

线稿图

此线稿图为实际尺寸，可直接制作

首先画出模板，在模板的背面用白乳胶粘贴蓝色羽毛，晾干后沿纹路裁剪，用粘丝胶将模板粘贴在易拉罐上。

将 0.4 毫米的银色铜丝拧成麻花丝，沿模板的线条掐丝，然后再沿边缘裁剪，将剪下来的小零件进行装饰和组合。这里用的是橙色、蓝色、黄色这三个主色来搭配，用 0.8 毫米（较硬）的铜丝制作细密的弹簧，也可以改用 0.6 毫米的铜丝。将 20 毫米的珍珠和三个弹簧组合，并粘贴在蝴蝶的背面。这样的大蝴蝶做十四只，小蝴蝶做四只，三层的花做三朵，全部组装好。

制作骨架。第一层把四只小蝴蝶和三朵三层花相隔 4 厘米绕在一根铜丝上，然后安装在骨架上。第二层按照前面的方法在骨架上安装十二只大蝴蝶，用橙色的毛线做成大小不等的毛线球，把毛线球安放在小蝴蝶前面。

在最前面的缝隙中组装好配件，左右两边各安放一只凤凰，在凤凰前面各安放一只大蝴蝶，并在两边添加流苏。

再来看看另外的京剧凤冠。

首先用白乳胶将羽毛贴在线稿背面，晾干后沿线稿图案剪下来，这个工序大概需要花两天时间。剪下后将羽毛粘贴在打磨好的易拉罐（铝片）上，此处用了两种丝来掐丝，一种是比较常用的麻花丝，一种是扁铝丝。用扁铝丝是因为它比麻花丝粗一些，更能还原真正的效果。

掐好后在上面涂一层白乳胶，这样羽毛更平整。给蝴蝶部分加上一些细节，大蝴蝶一共有二十五只，有触须的为十三只，没有触须的为十二只；小蝴蝶六只。凤凰三只，由头部、翅膀、身体、尾翼等部件构成。

制作主体骨架。在下面缝上黑色的绒布，将做好的配件一层一层地安放上去，最后一层是十二只有触须的大蝴蝶，中间一层是十二只没有触须的大蝴蝶，最前面一层是三只凤凰，最后补充细节。

冠的主体由冠和流苏两部分构成，流苏分为两边的两组流苏和后面的一组流苏。每组流苏主体由珍珠和五条粉色的单流苏组成。

由于是早期作品，现在来看也略显粗糙，但却是一件非常有意义的作品。

妆
造
×
饰
品
设
计
作
品
集

《山海经》是我国的志怪古籍，

也是一部奇书，

为现代的艺术创作提供了极有意义的原型参考。

因为它，我们有了造梦的可能。

山海有灵，那些关于山中精怪的传说、海里生灵的故事，

皆汇聚于艺术视觉呈现内容中。

我常常构思大家耳熟能详的西王母、精卫、九尾狐等形象，

然后自己动手制作造型，

于是有了这一章的作品。

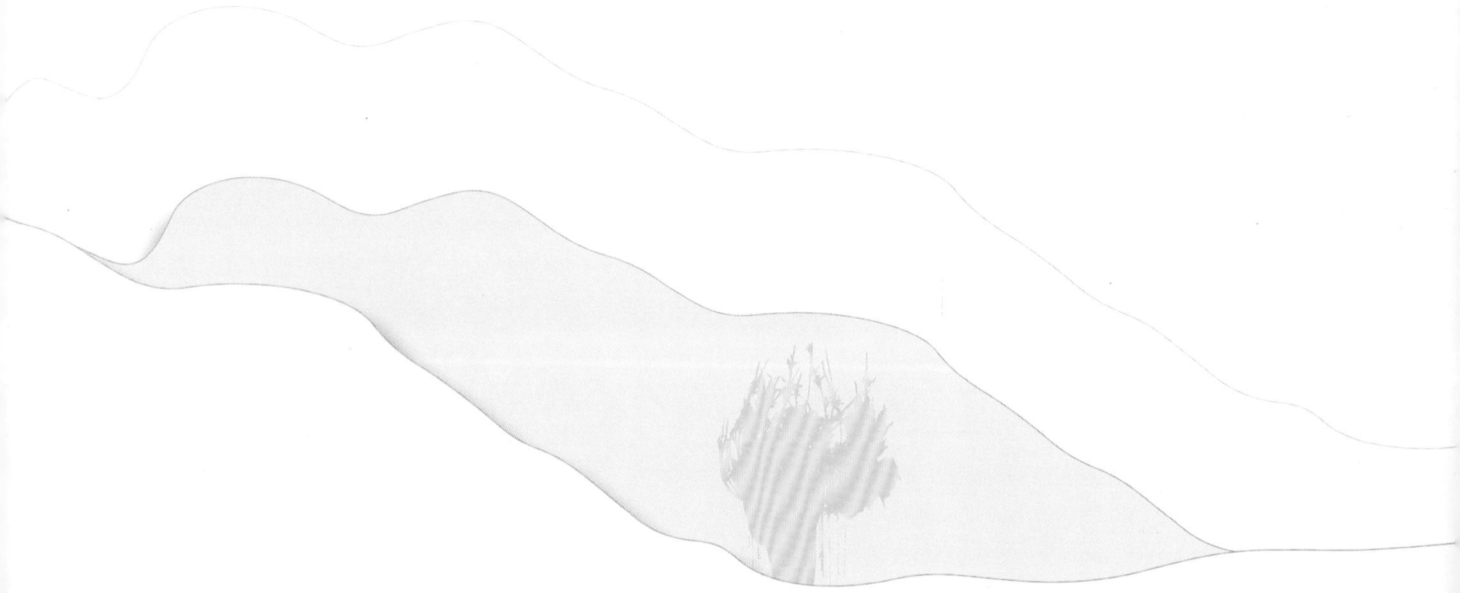

幻海寻梦

匠心雁鸿的饰界

南海蝴蝶

南海蝴蝶造型采用了黑色、紫色、蓝色和蓝绿配色，
颜色整体带有神秘的感觉。
不过要注意，颜色要深一些，近似大蓝闪蝶的翅膀颜色，
这才符合蝶羽纹理的设计。
在《岭南异物志》中有记载，
有人曾经捕到过南海蝴蝶这种巨型的生物，
把翅膀和须足去掉以后称重，仍然有八十斤重，
这种蝴蝶生于海市，形态变化万端，
所以又唤作百幻蝶。

首先制作一件激光布料的披风，披风的颈部设计参考了蝴蝶翅膀的形状，肩膀部分增加了鳞片式的纹理。

内搭是一件齐胸汉服，在不同的光线下会反射出不同的蓝色幽光。

烫染花部分采用的是较硬的亮片布料，经过染色和烫花以后组合而成。

先用铁丝制作头饰的骨架。把热熔胶覆盖在铁丝的表面，涂上宝蓝色的丙烯颜料，这一步是为了做出树枝的效果，末梢处的颜色稍浅。待颜料干后将亮片加入指甲油，涂于树枝的表面封层。

用丙烯颜料为花片上色，涂出渐变的蓝色，呼应蝶羽纹理。将做好的花朵与蝴蝶组装，最后用上了色的麻填充空缺的地方。

人身龙首神

此造型源于《山海经》中的人身龙首神，
绿色、黄色和白色的搭配，
给人一种青春活力的感觉。

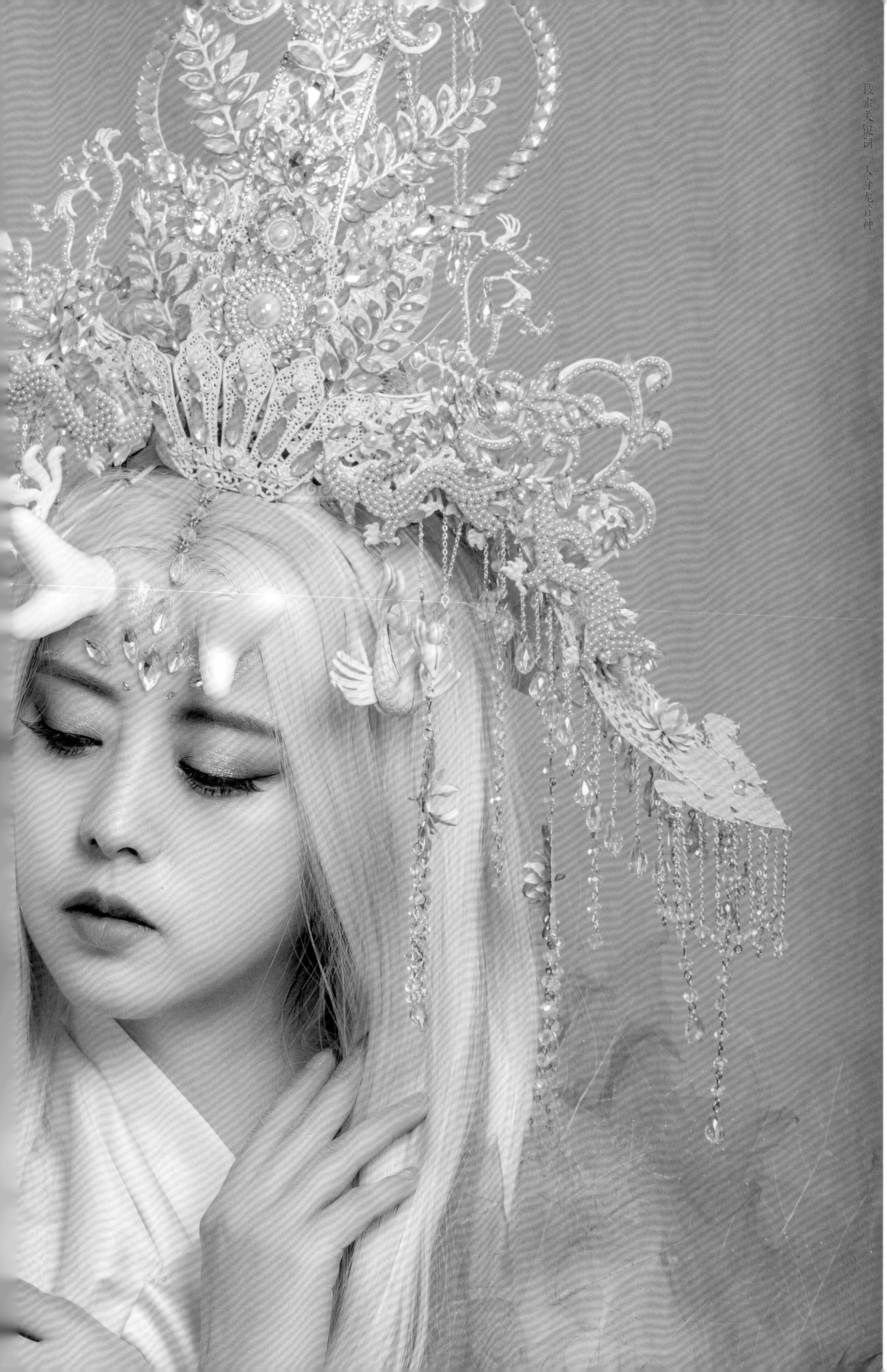

搜索关键词“人身龙首神”

据《山海经》记载，自檆鼀（sù zhū）山到竹山，东方第一列山系共
有十二座山，总计三千六百里（一里等于五百米）。这十二座山的
山神都是人身龙首，如果要祭祀这些山神，就要遵守一些特别的要
求——用一只狗作为带毛的动物祭品，祭祀前必须杀鱼取血，用于
涂抹器物。提到人身龙首，就会想到龙王，还会想到一位神——计蒙。
计蒙喜欢云游四方而且出去的时候必然有风雨环绕在身边，这个形
象和龙王很接近。但这些山神和计蒙相比整体造型要柔和很多。

我打算以白色为主色制作头饰，先用喷漆将花片喷成白色，晾干后组装花片。粘贴一些链条和水钻，将水钻和半面珠一颗一颗地镶嵌在花片上。冠的前面部分用到了喷过漆的铜铸件，将半面珠和爪链粘贴在上面，粘贴好后就可以将其放在头饰的前面。

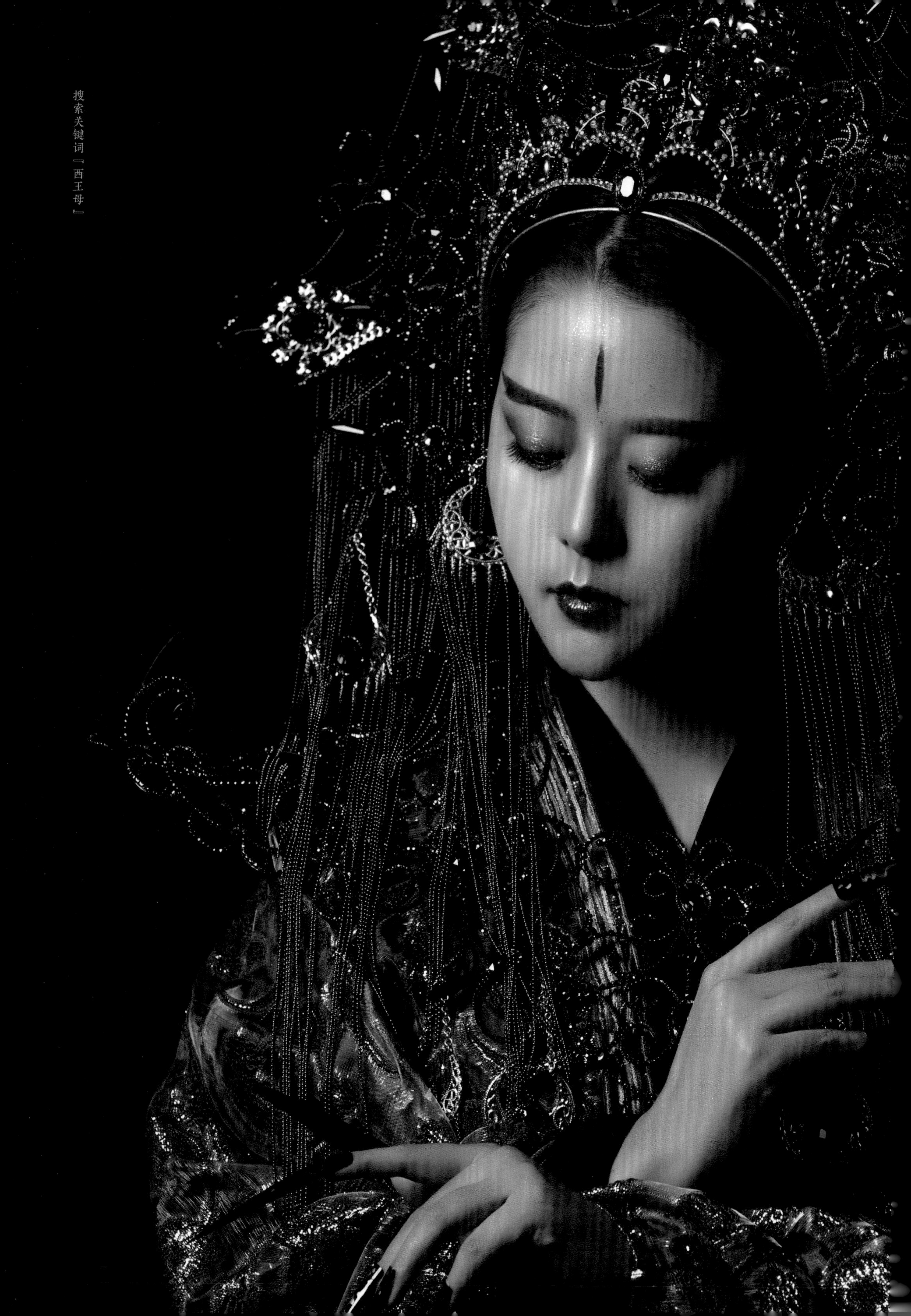

搜索关键词『西王母』

西王母

《山海经》中描写到西王母脸部是人貌，
有豹子一样的尾巴、老虎一样的牙齿，蓬头散发，
头戴配饰，掌管天上的灾疫和五刑，
是一个狠厉的角色。
所以此次的造型为暗色调。

此次服装全部是手缝的，因为这种半透明的材质没办法用缝纫
机来缝纫，制作方法和做大衫一样。

制作头饰部分。先画出模板，用紫红色的铜丝沿模板的线条弯曲，用热熔胶暂时固定，再用铜丝加固。紫红色的铜丝更软，目测直径大概为 1 毫米。

制作云肩部分。用胶水沿铜丝贴满黑色的爪钻，待胶水干后用热熔胶粘上水钻。热熔胶易老化，所以再用慢干胶加固一下根部。

用电镀金涂抹表面，把皇冠涂成金色，涂薄薄的一层即可。用电镀金之前要摇匀，否则颜色不均匀。

将三片单独纹样和皇冠拼接，背后用黑色铁丝固定，在后面加上五条剑形装饰。先用热熔胶固定，再用铜丝加固，在背后增加一根黑色铁丝起支撑作用。最后加上流苏，头饰就做好了。

幻彩蝶

此造型的制作颇有难度，因为挑战了将幻彩和古风相结合。
幻彩的头冠能营造出一种人物置身于仙境的感觉，
结合古风形成强烈的视觉冲击。

此次也制作了很多背景道具，
幻彩花朵是用布料制作而成的。

造型的重点在于将眼妆部分设计成
蝴蝶的纹理。蓝紫色的配色有
一种神秘而又梦幻的感觉，
就像发出的淡淡幽光。

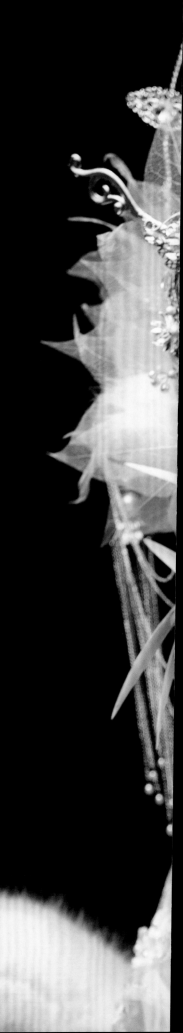

《山海经》系列中九尾狐的头冠主要采用银色和白色的搭配，

我在后面和两旁又增加了圆形的装饰，

这样的冠给人仙气、神圣的感觉，再穿一身白衣，就像仙女的造型。

但是此案例是九尾狐造型，

沾染了一些人间的气息，

所以，除了银色的花片和白色的仿珍珠之外，还用到了白色的叶脉。

不知道为什么以前就特别喜欢叶脉那种似透非透的感觉，

叶脉的不规则纹路也是自然形成的。

将叶脉做成两朵大花分布在左右两边，中间呈扇形分布，填补饰品的空缺，

这样既不会让整个饰品显得呆板，又可以增加层次感。

将白色的水钻点缀在中间，在光线下几乎分辨不出来，

但是水钻的光面会让饰品有一种神秘的感觉，再加上几条银色的流苏，

整个头饰就完成了。

整个造型的耳朵、披风、尾巴部分都是手工制作的。

九
尾
狐

夫诸是我国古代神话传说中的神兽之一，
是一种长着四只角的鹿。古代人民视夫诸为水灾的征兆，
因此此造型的头饰是以水纹的感觉来设计的。

◈

夫
诸

先用 1.5 毫米的铁丝制作底座，再在底座上做出四个圈，以使底座更牢固。先用热熔胶暂时固定，再用铁丝加固，底座做好后将铁丝弯成大小不等的 C 形，然后粘贴和固定。

头饰的主要骨架结构就是前面的两个角和后面的一个大角，然后分出三个枝丫，中间一支特别长。

整个骨架制作好以后，用热熔胶将所有的骨架都包裹一圈，相当于穿衣服，按照底座部分粗、尾部部分细的规律来制作，过程中可以相应地给骨架设计造型。注意所有铁丝都要包裹热熔胶，包完后上色。

用天蓝色丙烯颜料涂满整个骨架，一般要刷两三遍颜色才会饱和，待颜料干后在尾部涂上白色的丙烯颜料，大概涂到杆部的 1/3，并且做好蓝色丙烯颜料和白色丙烯颜料的衔接，用粉色丙烯颜料涂末梢部分。等待所有的颜料干后，涂上一层指甲油封层，骨架的上色就完成了。

装饰头饰。用热熔胶将水晶柱粘在底座的根部，在骨架上粘贴一些小水晶柱，再粘贴一些亮珠，挂上珠链。将做好的绢花染成粉蓝渐变色，粘贴在底座上，最后在骨架上挂一些流苏，整个头饰就制作完成了。

青女，天神，也称青霄玉女，主霜雪也。

青女是我国传说中掌管霜雪的仙女，
古代有很多诗人用青女借指霜雪，
也比喻白发。
此案例中，青女是一个白发的形象。

青女

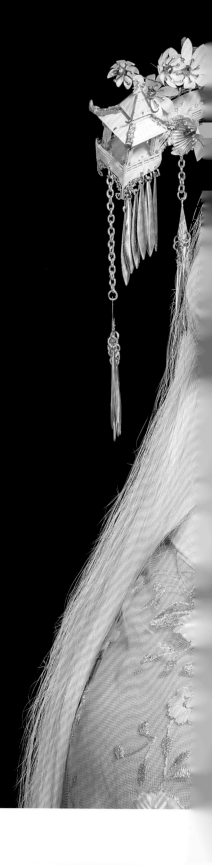

将雪糕袋空白的地方裁剪出来，再剪成边长为 1.5 厘米的小正方形，将小正方形平分为 8 等份，再剪成八瓣花。剪好后的花瓣是平直的，用指甲掐一下，花瓣就有弧度了，掐的时候拇指要用力。

然后装上铜丝花蕊，在底部用慢干胶固定，花朵就制作完成了。

制作房屋。用金属模型来制作房屋的零件，并将零件剪下来以备组装。首先组装的是主体部分，包括柱子、房檐、屋顶，要耐心地组装每个零件。饰品的配色采用的是白色和金色。

在白色的宫殿中盛开着白色的花朵，漫天飞雪，地上结着霜，仿佛天宫一般。

再来组装两侧的小房子。将房顶和主体部分连接起来，小房子就组装完成了。

将宫殿和花朵连接，做成冠的中间部分，将剩下的小房子和花朵拼接成簪和钗。此处一共制作了十三件发饰。

《山海经》记载，犀渠是一种凶猛的山兽，以人为食，
样子像牛，全身皮毛为青色，叫声像婴儿一般。根据这样
的描述，此造型中制作了牛角形状的头饰。

骨架是牛角形状，颜色使用了青色。
造型整体是青色和金色的搭配。

犀
渠

搜索关键词『犀渠』

将爪链缝在金色的蕾丝上，在缝隙处粘贴绿色的水钻，用同样的方法制作大号、中号、小号的蕾丝各一条。将蕾丝分块剪下，把最大的蕾丝贴在骨架的上半段，形成一个半圆形。为了避免头饰过满，在头饰的下半部分做了镂空，保持一定的透视感。

借助热熔胶把扎丝做成树枝，并用电镀金涂成金色，将其绑在牛角上，做出树木丛生的效果。

将中号蕾丝粘贴在牛角的上部，在重叠的蕾丝上放置小号蕾丝。在金色的树枝上粘贴一些金色的叶子，在金色的链条上串上绿色的萤石和东陵玉。

毕方

传说在章莪（é）山中有一种叫毕方的鸟，

外形如鹤，只有一只脚，

羽毛的底色为青色，上有红色的花纹，喙为白色，

这种鸟的叫声就像毕方这两个字的读音。

毕方所到之处总有火灾发生，

传说黄帝在泰山聚集鬼神之时，

乘坐着蛟龙牵引的战车，而毕方则伺候在战车旁。

后来毕方被称为火神的侍宠。

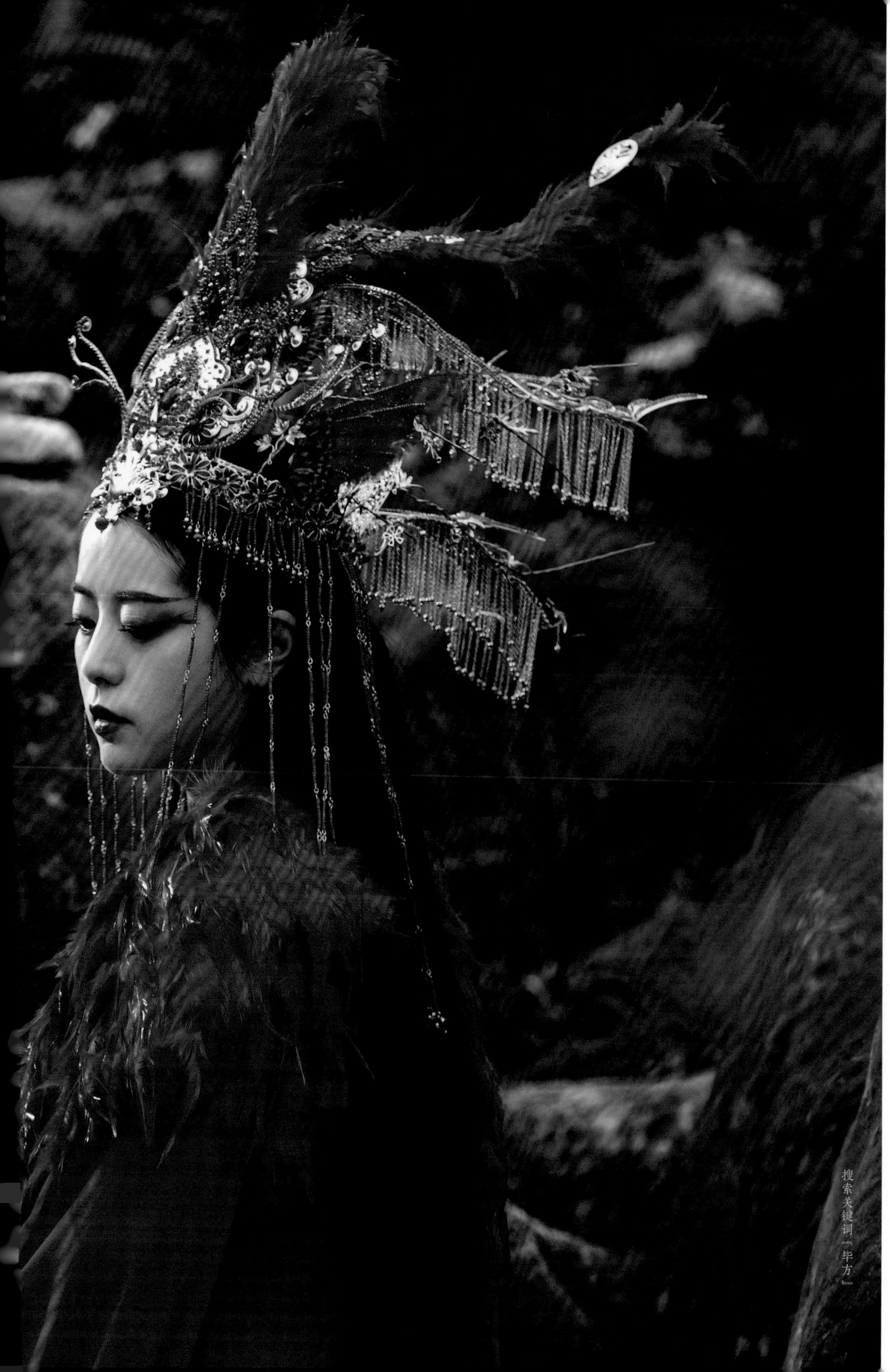
搜索关键词「毕方」

制作头饰。将透明的瓶子外包装纸剥掉，用线锯将瓶子切开，去掉不平整的地方。将透明的瓶子剪成大小不等的五个型号，每个零件剪若干个，用热熔胶组装剪下来的小片，最长的在最外层，最短的在最里层，最后组装成一个透明的小翅膀，一共做两个。

用喷漆将小翅膀喷成红色，晾干后备用。为前面做的翅膀镶嵌水钻，用胶水在每个小片上镶嵌水晶珠，在小片的外缘贴上红色羽毛。在金色花片上镶嵌红色爪链，将红色的翅膀固定在冠的两侧。

将绣好的蕾丝安放在冠的前面，再粘贴一些红色花片，增加细节。

英招

《山海经》中记载，丘时水从槐江山发源，
向北流入泑（yōu）水，水中有很多螺，
山上蕴藏着丰富的石青、雄黄、琅玕、黄金、玉石。
山南面到处是粟粒大小的丹砂。
而山北面多产带符彩的黄金白银。
这槐江山由天神英招主管，
英招有着马的身子、人的面孔，
身上长有老虎的斑纹和禽鸟的翅膀，
巡行四海而传布天帝的旨意，
发出的声音如同用辘轳（lù lu）抽水的声音。
英招参加过几百次征伐邪神、恶神的战争，
是保护世代和平的保护神之一，同时也是百花之神的朋友。

此造型与原文中的描述
有些许不同，整个造型颜
色为白色，头饰做成了树
枝的形状，树枝上绑有铜
叶片，很贴合山林元素。

此造型保留了翅膀元素，
考虑到山中的风可能会比较大，
于是将翅膀设计在了头饰中。
头饰的翅膀部分由很多叶片制作而成，
最后在树枝上粘贴一些叶脉和水钻，增加一点细节。

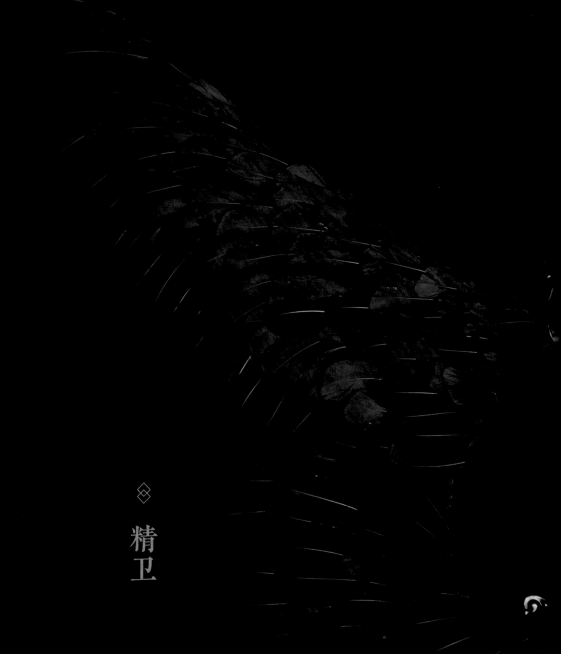

精卫

相传炎帝的小女儿叫作女娃，
女娃在东海游玩时，不幸溺亡。
后来女娃变成了精卫，精卫俗称帝女雀，
还有誓鸟、冤禽、志鸟三个别称，
是一种样子像乌鸦的鸟，白喙赤足，头上有斑纹，
原本生活在发鸠山。精卫衔西山的木头和石子，
昼夜不停歇，希望靠自己的努力填平东海，
所以精卫也成了坚毅不屈、自强不息的代名词。

根据这一描述，将精卫的头饰颜色设计为以黑色为主色，打好骨架后用喷漆将整个骨架喷成黑色，在骨架的花片上粘贴爪链。将带蓝色反光的羽毛下面的绒毛剃掉，用骨胶将羽毛固定，晾干后将其粘贴在冠的中间，将小一点的羽毛粘贴在冠的前部，旁边补一些亮孔雀毛，头冠前端的中间部分使用三根小羽毛和四根绒毛，并在中央镶嵌一颗蓝色水钻。

将羽毛状的热塑材料安放在冠的两侧，并串上流苏。

搜索关键词「黄金盔甲」

三千昼

此造型是变废为宝，利用坚果壳耗时一个半月打造的黄金甲。

这套盔甲的结构包含上半身、下半身、手臂、肩膀和冠。
中间由两条腰带连接，胸口是一条盘旋的龙，
龙头在正中间，手臂上有一些花纹，中间是两个火球。
将 EVA 斜切成三角形，将切下的棱用于镶边。
用剪刀将各种小零件剪下来，进行粘贴和组装，
盔甲底就渐渐成型了。

每个部件完成以后刷上三层白乳胶，增加一些细节。

用开心果壳、瓜子壳、松子壳制
作铠甲鳞片。用电镀金将坚果壳
两面全部染成金色。

晾干以后，用慢干胶将坚果壳一
个一个地粘贴在底座上，排列要
整齐，不要歪斜。

松子壳大小不一，粘贴的时候更
需要耐心。

制作胸口部分。松子壳较小，比较适合做龙鳞，用热塑材料 Worbla 来制作龙头，像捏黏土一样，用热风枪将热塑材料吹软，慢慢塑形。

夏威夷果可以安放在龙的额头上做装饰，在缝隙中填上毛发，胸前的龙就差不多制作完成了。

将龙涂成金色，胸甲部分就完成了，接下来制作肩膀部分。左右两肩上各设计了一个龙头，为了减轻重量，用超轻黏土来制作龙头的部分，做好后刷上白乳胶，再涂上金色。

想将这套盔甲做出威武的感觉，所以冠的部分设计偏男性化，设计了一个龙头，两边各有一条小龙，用铜花片制作龙鳞，再增加一些水波纹。

妆造 × 饰品设计作品集

花丝镶嵌是一门传承久远的中国传统手工技艺，
其工艺复杂，大致可分掐、填、攒、焊、堆、垒、织、编八种手法，
技艺精湛，造型优美，花样百变，极具传统艺术特色。

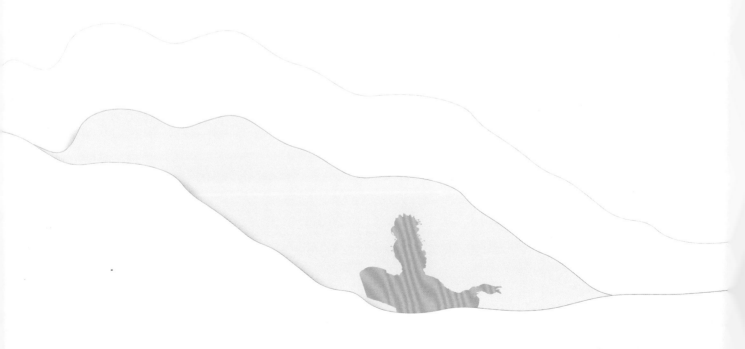

非遗花丝

这件作品是我和我的师父倪成玉老师共同设计的作品，
被粉丝投票命名为"花丝牡丹蝴蝶镶珠宝石银镀金步摇冠"，
又称"玉腰留贵客"。

整体为银镀金镶嵌珍珠、翡翠和红宝石的材质。

这也是我在师父的指导下完成的第一件非遗花丝作品。

花丝镶嵌步摇冠

银花丝是成都最具特色的汉族传统金属工艺，在明清时期已
经达到极高的艺术水平，它与蜀绣、竹编、漆器一起号称成
都的"四大名旦"。银花丝技艺最大的特点是采用平填技术
和无胎成形，这个作品就是将传统的平填技术与头饰制作相
结合，做成的半浮雕头饰。

花丝镶嵌的技艺非常难，一般需要学习很多年才可以出师，
其中的技巧也非常多，我还需要在以后的时间里慢慢地学习。

唐风头饰

采用花丝镶嵌的工艺制作唐风饰品。
整个头饰包含 1 个主冠、6 支大主簪、4 支小花簪、4 支花钗、
1 对耳环、1 条项链和 1 朵牡丹花，共计 18 件，
设计以花草和蝴蝶为元素，使用纯银镀金材质，
上面镶嵌近 116 颗玛瑙、88 颗珍珠，耗时 20 天完成。
这是我继第一个花丝作品学习后，
制作的第一套完整的头饰。

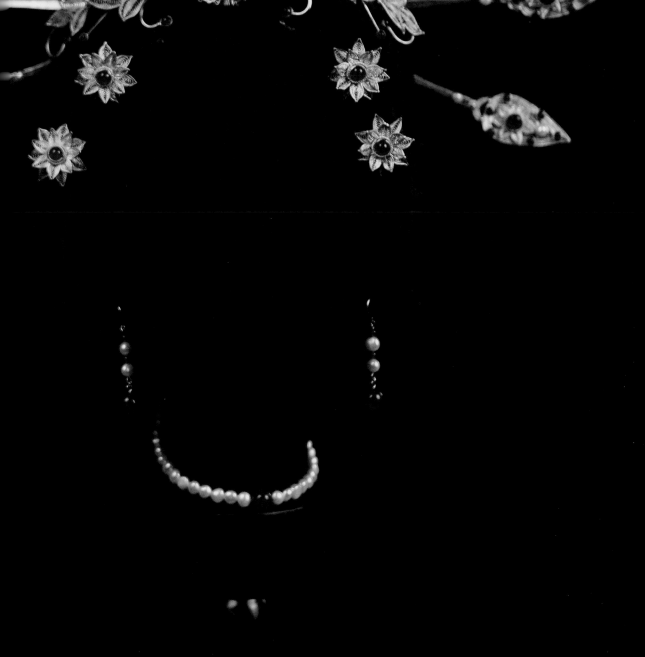

搜索关键词『杨贵妃唐凤头饰』

花树状金步摇

这件饰品仿制的是收藏于辽宁
省博物馆中的花树状金步摇。

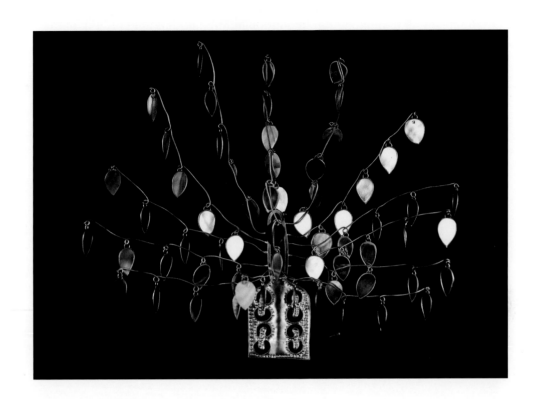

花树状金步摇出土于北燕皇族冯素弗与妻子合葬墓，是中国古代红及一时的头戴饰品。

博物馆的收藏品是黄金制作的，而这里用纯银来制作，使用掐丝和焊接的方法做出极薄的叶子，通过镀金的方式将银色变成金色，叶子若即若离地挂在圆环上，当主人走动时饰品就一步一摇动，在阳光的照射下反射出耀眼的光芒。本次是由我的好友朵朵来做模特展示的。

京剧如意冠

这件作品是为了纪念哥哥张国荣而制作的，原型为电影《霸王别姬》中虞姬的如意冠，因为电影中没有它的特写镜头，无法看清楚细节，所以也参考了专业的京剧头饰，花费了2个月的时间完成。

制作金属部分，使用了铜镀银材质，然后用花丝镶嵌的技艺制作了水钻头饰部分和泡子部分，这套头饰综合运用了多种技艺。

耳花部分使用了烫染花的染色和制作方法。如意冠的部分使用了打浆子、串珠、珠绣等工艺。因为也是第一次做京剧的水钻头饰，所以有很多不足的地方。本次展示也是由我的好友 ONLee 和盖瑞来完成的，他们找了专业的京剧老师来化妆，最后的效果真的非常棒。如果大家喜欢，可以去观看这一期的视频。

◇

天女散花

这是第 4 次制作京剧头冠了，
这次为了达到最好效果，
我去拜访了成都京剧研究院的专业戏曲化妆老师，
研究了京剧头饰的结构。

总结了上次制作"如意冠"的经验，这次将之前的圆环底换成了锥形底，并且增加了骨架，这样可以让头饰既美观又牢固。

考虑到焊药和延展性的问题，因此采用纯银来制作。使用0.5厘米、0.8厘米和1厘米型号来做底，底子做了几千个，焊接点近万个，并且这么复杂的结构，焊接点越多，就越难。

可以想象之前在没有工业生产的时候，这样一套头饰需要纯手工去打造，是多么艰难。通过这次的学习，让我对京剧有了更深的了解，也让我真切地感受到，我们的国粹真的非常了不起，我希望以后也给大家带来更多京剧相关的内容，让更多人体会到我们的国粹之美。

妆
造
×
饰
品
设
计
作
品
集

博物馆是保护和传承人类文明的重要殿堂，
是连接过去、现在、未来的桥梁。
每一件文物，
都是一个记载民族血脉的基因密码；
每一座博物馆，
都是一座守护文明的基因宝库。

看了《国家宝藏》系列节目，
我从文物中提取灵感，为文物制作了拟人化造型，
从中领略到了我国深厚的传统文化，
并由衷地感到自豪。

宝藏奇想

◇ 重楼子花冠

造型参考了《招凉仕女图》中右边仕女所戴的重楼子花冠。

《洛阳花木记》中记载，

因栽培得法，花朵有重台高及二尺者，被称为"重楼子"，

有花匠依其姿仿制为"重楼子花冠"。

那到底这个冠是什么样子的？

现在我们都不得而知，

只能根据现有的画作或者文献来推测，

这样大的冠会用什么来进行制作呢？

在古代可能会用到象牙、玉石或者牛角之类的材料。

我制作的头冠着重仿其形状，

在细节的处理上会添加自己的设计，

这里使用了硬纱和仿玉花瓣来进行制作。

此处展示的是金翅鸟的拟人造型，
灵感来自《国家宝藏》中展出的云南省博物馆的大理国
银鎏金镶珠金翅鸟。金翅鸟于 1978 年出土于大理崇圣
寺主塔，梵名迦楼罗，被尊为大理的保护神。
传说金翅鸟原本是一种很凶的大鸟，可慑服诸龙，
体积很大，展翅时可达三百三十六万里，
以龙为食，使龙族苦不堪言，后来金翅鸟皈依佛教，
成为佛教的护法神。

金翅鸟

搜索关键词「金翅鸟」

金翅鸟头饰羽冠，羽翅向内卷作欲飞状，
两爪锋利有力，立于莲座之上，
镂空火焰形背光插在尾、身之间，其上饰水晶珠五粒。

使用传统工艺制作时，需要分别锤刻头、翼、身、尾，
再焊接为整体，要求工艺细腻、造型精美。
而在此处的头饰制作中，运用的是热塑材料。
金翅鸟本身的造型十分精美，
所以仿造金翅鸟的造型直接做一顶金翅鸟冠。

在金翅鸟胸前镶上蓝色和红色石头，用电镀金涂成金色，在金翅鸟尾巴上镶上三颗小石头和两颗大石头。

制作腰带。将石头配件安放在花片上，用链条将花片串成一条，在花片上添加链条和珍珠，并且增加一点细节。

制作配饰。两边是两个近圆形的配饰，用铜丝依次将花瓣安在中间花片上，在中间串上珍珠和玛瑙，额头中间用一条简单的流苏做点缀。一个主体部分搭配三条流苏。

金翅鸟的金色翅膀用了金色的羽毛、铁丝、黑色的无纺布来制作。用铁丝和无纺布打底，将羽毛一片一片地粘贴在翅膀上，直至贴满。

"孔盖霓旌，月佩云裳，人间女仙。"
岁月是一条长河，
但它只是悄悄流过，
未曾在少女的脸上刻下一道沧桑的痕迹。

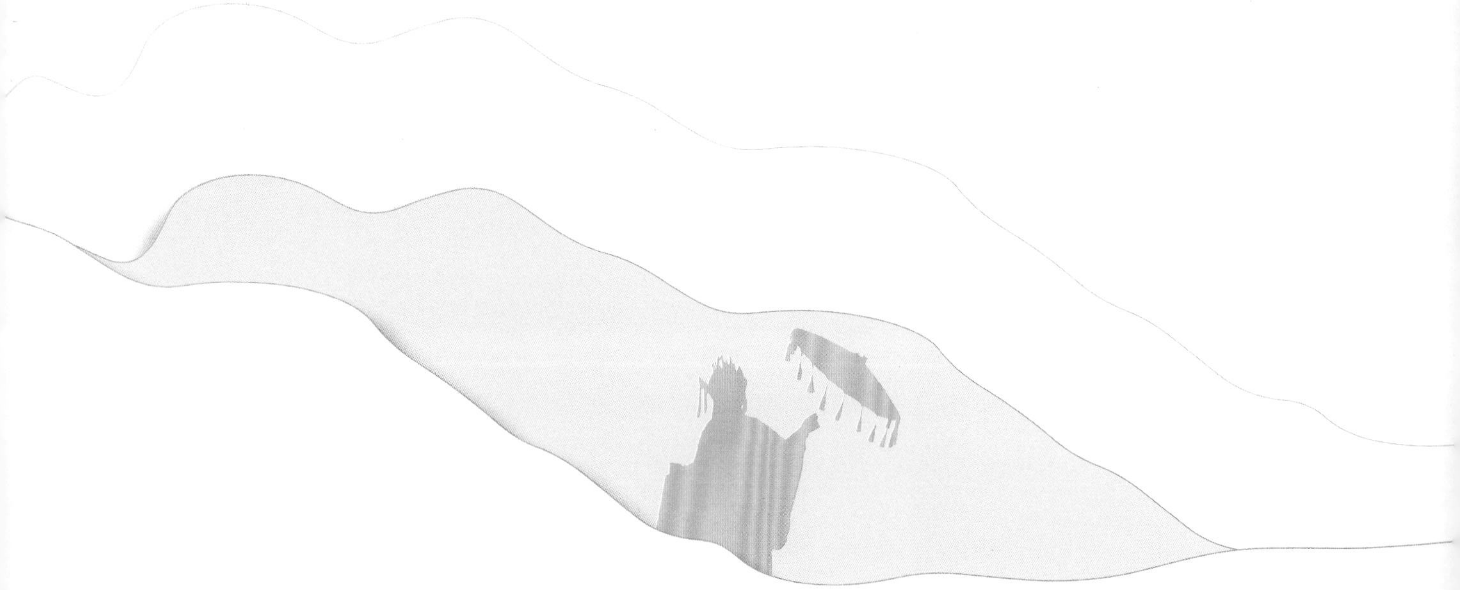

清丽佳人

匠心雁鸿的饰界

◇

粉黛双生

有一美人，清扬婉兮。

每一个女生的内心都住着另一个自己，那个简单快乐，
永葆初心的自己。

希望每一个女孩知世故却不世故，
内心永远纯真。

本次的作品包含两套造型，
粉色造型偏梦幻，黛色造型偏清新。

黛色的造型用到的是淡绿色的樱花头饰，将其作为整个造型的点缀。

黛色是一种青黑色。唐朝王维有诗云：

"千里横黛色，数峰出云间。"

可见黛色是从远处看，绿色大山所呈现出的一种颜色。

而梁衡先生的《夏感》中有："林带上的淡淡绿烟也凝成了一堵

黛色长墙。"可见黛色是一种接近墨绿的颜色，

所以此处选择了墨绿色系的配件做搭配。

白居易有诗云：
"亦知官舍非吾宅，且劚山樱满院栽"，
以及
"小园新种红樱树，闲绕花行便当游"。

选用樱花为设计元素，

樱花象征着热烈、纯洁、高尚。

据史料记载，樱花原产于喜马拉雅山，

两千多年前的秦汉时期，樱花已在宫苑内栽培，

到了唐朝时，樱花已普遍出现在私家庭院。

造型中的粉色恰好也取自樱花的粉，
可以表达出梦幻的感觉。

用热缩片制作樱花头饰。

苗族印象

苗族是一个古老的民族，
一提起苗族，人们就会联想到美丽的苗族姑娘头上的银饰。
苗族银饰作为一种文化象征广受青睐，
成为多元文化交流的载体之一。

加工苗族银饰需要银匠把熔炼过的
白银制成薄片、银条或者银丝，利用压、刻、镂等
工艺制作出精美的纹样，然后焊接或者编制成型。

此造型的工作量非常庞大，大小零部件有几千个，
每个零部件都需要用锥子一个一个地戳孔，
并用錾子刻出花纹。

此造型的服装整体采用了
橙色与蓝色，即蓝色布料
搭配橙色的绣花图案。

先将易拉罐洗净后去掉头尾，将边缘修剪整齐，用砂纸打磨。这次一共使用了六十八个易拉罐，创下了头饰所用易拉罐数量的新纪录。

将易拉罐剪成八瓣花，用刻笔或锥子在距离花瓣边缘 1 毫米的地方戳上小孔。这样的花朵一共做一百八十朵。

制作吊坠。画好模板后沿线条剪下，用尺子辅助在模板上打孔，折叠后用 502 胶水封口，在吊坠末尾打孔挂上连接环。这样的吊坠做三百个。

用铁丝制作圆柱形的骨架，此处稍微改动了头饰的后面部分。因为易拉罐比较软，不及苗银的支撑力，所以要将背后连通，通过内圈骨架来支撑整个头饰。

将仿苗银的银角固定在头顶，苗银头饰以大为美。堆大为山，呈现出巍峨之美；水大为海，呈现出浩渺之美。苗银头饰同时也是家庭财富的象征。最后用拼接的方式制作一条银围帕。

这是一套复古风格的 Lolita，
造型的颜色以古蓝色为主。

首先制作冠的骨架，用铜丝将配件绑在底座上，
共计三只蜻蜓和六只小翅膀。用钳子将花片弯成圆锥形，
作为水晶柱的底座。水晶柱的长度一共三个型号：
8 厘米、6 厘米和 4 厘米。
用 0.8 毫米的铜丝穿过水晶柱和底座，
将水晶柱固定在冠的底座上。
水晶柱中间高、错落有序。

厄
尔
庇
斯

将爪链和米珠一个一个地缝制在亚金色的蕾丝上，在中间缝制一颗蓝色宝石，缝制9个这样的水滴形配件，把其中两个单独剪下来做第二层，在外露的花片上贴上爪链。在水晶柱的底座上粘贴一些水钻和半面珠，这样做的目的是减少金色、增加白色。

将绣好的绣片安放在底座上，用透明鱼线穿上透明 AB 彩的珠子，将其安放在后面的骨架上并用胶水固定，制作弧形部分，用透明的珠子串成图示的形状，固定在冠的中间，让背后和前面衔接得更好。

用 0.6 毫米的珍珠和九字针串成链条，挂在冠的前面，再增加一些小吊坠。

缝制项链。将浅蓝色的米珠和珍珠绣在蕾丝上，下面挂上珍珠链条。

太阳女神

浪漫的粉色水晶与金色花片搭配，
整体呈现出神采奕奕的感觉。
为了表现出太阳女神的感觉，
我在头饰背后增加了类似光芒的部件。

搜索关键词『太阳女神』

先做第一层光芒部件。先在顶部将花片组合，做出一个皇冠，用铜丝将相同的花片一片一片地绑在骨架上，做出光芒的效果。

接着做第二层光芒部件。把稍微小一号的花片绑在第二层骨架上，接着安放第三层花片，这层需要比第二层高一些，并用扁簪子做出光芒四射的效果。不方便绑铜丝的话，可以先用热熔胶固定花片再用铜丝捆绑。不要图方便只用热熔胶，因为只用热熔胶粘不牢固。

做好整体骨架以后，就可以开始装饰了。增加一点细节，最后在冠的底座上增加一些珍珠链条和吊坠。

制作女神权杖。将撑衣杆去掉头部后喷成白色，用铁丝弯出大小不同的两个圆形，将其和撑衣杆固定，用银色丝带包裹撑衣杆，将大圈从中间剪断后做成两个小翅膀。将翅膀用银色丝带包裹后粘上羽毛。

在小圈上装饰花片，做成放射状，和冠搭配成套，将水钻粘贴在小圈的空隙处。在咖啡碟的上、下部打孔，用九字针穿过，挂上小铃铛，镶嵌上珍珠和水钻，用米珠填充缝隙处，胶水晾干后将其挂在权杖中央。

此造型的整体色调是淡蓝色，非常梦幻。
我采用了天然水晶、水钻等材料，
以呈现出在灯光下闪闪发亮的感觉。

电竞 Lolita

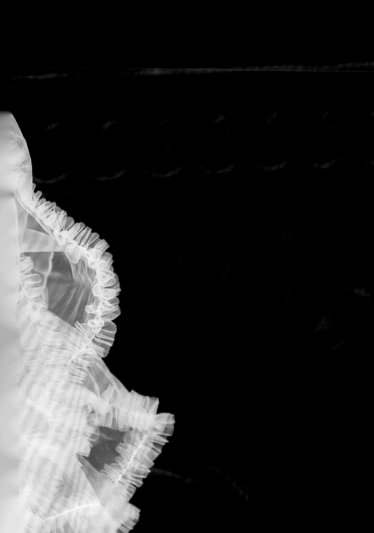

首先用铁丝做出冠的骨架，用铜丝将配件固定在骨架上，用蓝灰色的水钻来点缀，将透明的水钻吊坠挂在外骨架上，并用铜丝将树叶状配件固定在外骨架上，在每个叶片上都镶嵌上水钻。整个冠分为三层，中间的一层用的是天然水晶，将水晶固定在铜丝上并用树脂黏土加固，再粘贴上一层亮片。

将每条水晶按照高低错落的顺序固定在铜丝上，最后固定在冠的中间，冠主体就差不多制作完成了。

再在冠两边增加一些花草元素，耳边各有一个镶满水钻的小翅膀，增加一点细节，挂上一些流苏。

用服装剩下的布料来制作背后的手工花部分。要求每一片花瓣都是晶莹透亮的，用胶水将花瓣固定在花蕊旁边，一朵小花就制作完成了。用染过色的真丝欧根纱制作一些蓝色的小花，接下来进行组装，一款漂亮的头饰就制作完成了。

此造型的服装设计是想要表现活泼可爱的感觉，
所以采用了红白搭配。
面料以金丝绒为主，搭配红色与白色的蕾丝，
服装融入了中国风的元素，
领子采用了旗袍领子的样式。

国风 Lolita

将丝带剪成圆形的样式，用蜡烛将丝带边缘烤热，用圆球压一下。制作复古小玫瑰，花瓣要有点外翻，将大大小小的花瓣做好以后就可以开始组装了。用超轻黏土捏底座，将整粒麦片贴在花托上，并用花瓣一片一片地包裹起来，这样一朵复古小玫瑰就制作完成了。为了做出层次感，此处用了深浅不同的两种颜色。

用超轻黏土捏出小草莓的模样，将小草莓戳出小孔，等待黏土晾干后用丙烯颜料上色，然后用 UV 胶封层，用紫外线灯照射。

再用超轻黏土制作一些水蜜桃，用色粉染色，用磨砂指甲油封层。圆圆的水蜜桃显得非常可爱。

用金丝绒缎带做一些小花。金丝绒容易毛边，需要先用树脂上一次浆，将金丝绒缎带剪成花瓣的样式，用蜡烛封边。使用整粒麦片来制作花蕊。再做一些白色的小花来搭配，用丝带做一些绣球小花，同样也需要用蜡烛封边。所有的配件都制作完成以后就开始组装。

用缎带和毛球做两个球形头饰，整个头饰就制作完成了。

妆造×饰品设计作品集

"未来"是一个神秘又充满希望的词。
未来的我们会变成什么样?
未来的生活会发生什么变化?
带着这样的疑问,
我的脑海中产生了无数的关于未来的创想,
于是我将它们整合起来进行了创作。

未来创想

每个人的内心都有两个自己：
一个是活泼的，
代表着青春阳光；
另一个是很酷的，
代表创新、突破、不受束缚。
我想通过紫色造型来表达青春活力、阳光的自己，
通过银色造型来表达敢于创新、不受束缚的自己。

荣耀天使

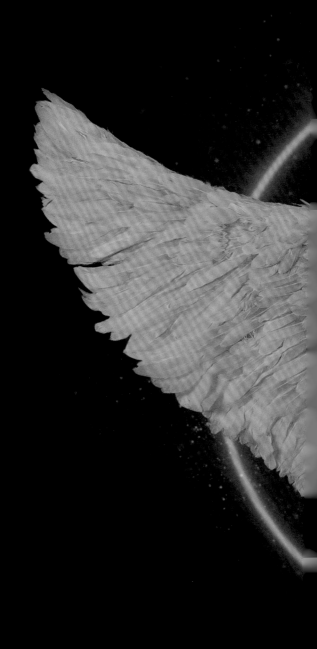

拆解手机，用外壳做一些宝石，将手机壳的装饰
内层沿戒面剪下。将其镶进戒托，一颗晶莹剔透
的宝石就制作完成了。

将剩下的材料做成大小不一的宝石，把这些宝石
用于项链、耳环、手链的制作，用银灰色的宝石
做头饰。将从手机上拆下来的小零件装饰在护目
镜上，给护目镜增加一些科技感，最后添加一个
小灯。

将经过染色和烫花后的矢车菊组装成一个可爱的
头饰，来贴合少女感。用纸板和羽毛做翅膀。

◈

机械朋克

这是一个很酷的科技主题造型。

为了让战甲更有科技感，
用蓝色的彩灯和光纤制作战甲缝隙中的幽光效果，
在有缝隙的地方画一些芯片电路，
在胸口做一个圆形的类似于反应堆的装置，代表能量来源。

我想到的是残缺不全的机器人升级为未来战士的画面。

搜索关键词 赛博朋克机械

未来创想

165

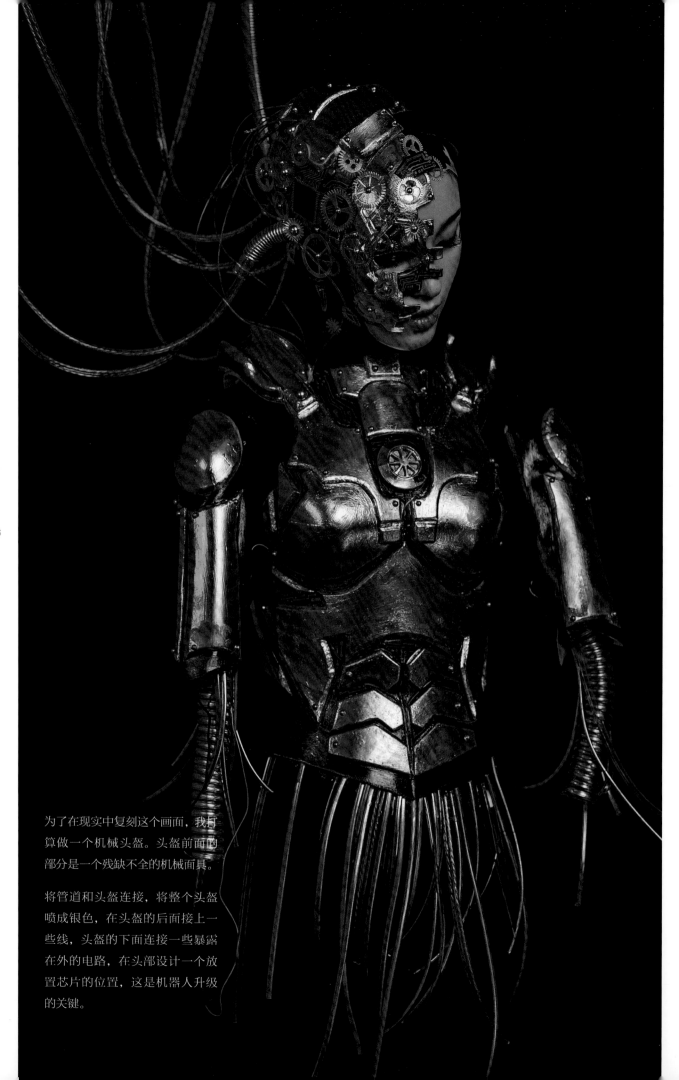

为了在现实中复刻这个画面，我打算做一个机械头盔。头盔前面的部分是一个残缺不全的机械面具。

将管道和头盔连接，将整个头盔喷成银色，在头盔的后面接上一些线，头盔的下面连接一些暴露在外的电路，在头部设计一个放置芯片的位置，这是机器人升级的关键。

制作机械手。为了使机械手更加贴合手部，用保鲜膜和胶带来制作模板，用 Worbla 雕刻出模板纹路，用热风枪吹软，然后在手套上塑形。每个部件塑形完成后就可以喷漆了，喷好漆后用胶水将每个部件粘贴在手套上，这里需要用手来做支撑。将半面珠喷成银色，粘贴在关节处，机械手就制作完成了。

制作腿部和手臂部分。这个部分的做法和前面的战甲
相似。为了体现升级的感觉，我多做了一对翅膀。在
翅膀上增加了四个能量泵，这样可以展示出机器人升
级后能量充满的状态，并且具有加速的感觉。

将翅膀喷成银色，设置好灯光，整个部件就制作完
成了。

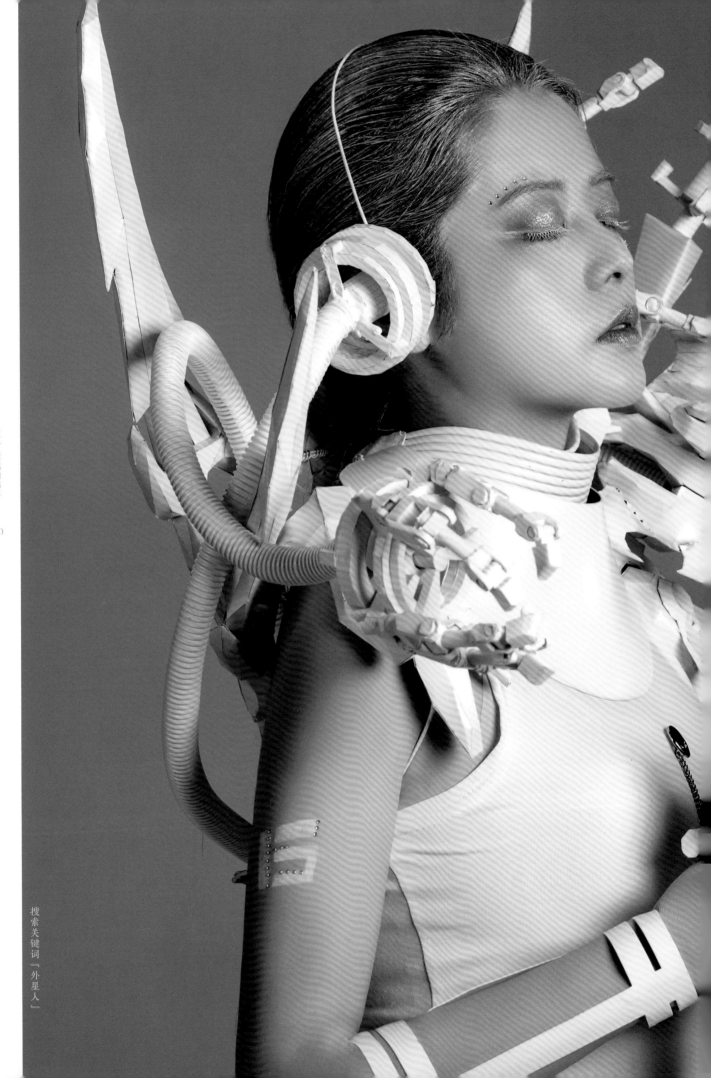

外星人是我一直想尝试的造型主题。
用纸模来制作整个造型的道具。

此处运用星辰白来表达白色空旷的星球，
道具和武器都是白色的。

组装纸模，用水管连接机械手和武器，
组装出来的枪充满未来感。

外
星
人

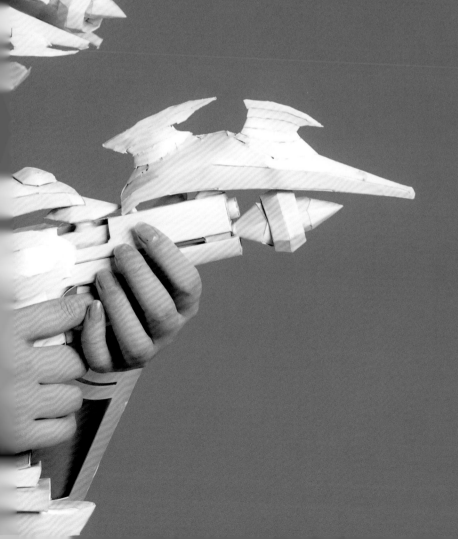

此造型的颜色以白色为主，所以妆容也是白色的。

先在人物脸部打上白色粉底，
然后用和月球暗面颜色相似的灰色来画眼影，
在上眼睑上调出灰色。
先用蓝色打底，再用棕色加深上眼睑左右两侧边缘，
上眼睑中间用银色的液体眼影提亮，
这样灰色会更加接近月球暗面的颜色，
具有一种未来科技的神秘感觉。

眼妆的部分加一些蜂巢元素，
再贴一些亮钻，粘贴上白色的假睫毛，画一条白色眼线，
在眉毛上也加一点白色，在眉弓处贴一些水钻，
用颜色非常浅的水红色唇膏涂抹嘴唇。

将头发喷成白色，将露出的皮肤都打上白色粉底。

大红的盖头，浪漫的鲜花，女孩们最幸福的时刻，
也应该是最美丽的时刻。

花好月圆

匠心雁鸿的饰界

秀禾婚嫁头饰

搜索关键词 "秀禾婚嫁头饰"

如果你有一个很好的闺蜜，给她亲自做一套这样的头饰，
陪她出嫁，是多么有意义。

为了便于大家制作，这里简化了很多步骤，
能够让大家在一周内完成拼接。

全套头饰用铜和合金配件来进行制作，
用丙烯颜料上色，仿制烧蓝的效果，搭配珊瑚珠和玛瑙。

面帘的设计也为整个造型增加了几分的羞涩。

头饰是用易拉罐制作的，
灵感来自中国传统婚嫁头饰"过桥头冠"。
这个头冠中包含了很多吉祥的图案，
有 8 只凤凰、4 条龙，并且有"吉"字图案，
是高贵和吉祥的象征，
中间还有蝙蝠图案寓意对新人的美好祝福，
菊花象征着新人品德的高洁和脱俗。

创意过桥冠

金属配件用的是一些合金的花草和铜配件，将底子打好以后用铜丝将红色的"吉"字固定在底座上，接下来安放其他的配件，并在冠的外沿固定上弹簧，这样在走动的时候头冠可以灵动摆动。

搜索关键词「浪花簪星」

从小我就有一个梦想，梦想着成为一名服装设计师，兜兜转转了很多年，没想到现在也算是圆了我的一个小小的梦想，成为了一位饰品设计师。

在过去的3年时光里，我设计过一些古风衣服和一些洛丽塔的公主裙，但是我从来没有设计过婚纱。这次，我想设计一件漂亮的白色婚纱来搭配头饰。

繁星女神

在欧洲西南部，有一个摩登而又浪漫的地方，叫作摩纳哥，建在阿尔卑斯山脉伸入地中海的一座悬崖之上。

摩纳哥给人的第一印象就是，现代的都市星光和在星光映衬下的蔚蓝海洋。夕阳西下，白色的船舶在蔚蓝海湾中停泊，渐渐夜幕降临，留下点点星光，浪花打在岸边的礁石上，在星光的映衬下，好像在和星空诉说着什么。

想到这样的画面，不禁想将这样的画面融入今天的设计中，本次使用了透明的水晶珠来表现浪花，搭配六芒星元素呼应天空中的点点繁星。

以上是3年来我所创作的部分作品，在这三年的时间里，我一边学习一边进步，并且坚持为大家带来打开思维的创作，希望可以帮到喜欢传统文化的造型设计从业者，以及手工制作爱好者们，还有即将步入这个行业的小伙伴们。3年的时光让我学会了很多，从毫无基础到现在可以完成独立的设计，并制作出自己的作品，甚至完成自己作为设计师的小梦想，我觉得每一次的创作，自己都在不断地进步。

在这里我也要感谢在这个过程中帮我越过技术鸿沟的师父倪成玉老师和何函老师，一直鼓励我的杨树云老师，制作以上所有定制服装的邱妈妈，给过我各种帮助的朋友：Onlee、顾小思、光岳、蜀郡，还有一直支持我的工作室小伙伴及家人！当然3年的成长也少不了一直陪伴着我的观众和读者！还有很多朋友因为篇幅原因，无法在这里一一感谢。你们见证着我的人生，我也会努力地去创作更优秀的作品，尽我所能传承我们传统的手工技艺，并发扬光大。希望你们也可以坚持自己喜欢的事情，在你们的领域发光、发热。